AF509293

LETTRES

ADRESSÉES

A MESSIEURS LES PROPRIÉTAIRES RURAUX ET CULTIVATEURS

DU DÉPARTEMENT DE LA GIRONDE.

XII.me LETTRE (1857).

—

Maladie de la vigne : emploi du soufre comme remède.

—

(Ces Lettres ou Instructions, sur les principaux sujets de l'Agriculture de la Gironde, sont rédigées et distribuées annuellement conformément aux intentions de l'ADMINIS-TRATION DÉPARTEMENTALE et au moyen d'une subvention spéciale votée pour cet objet).

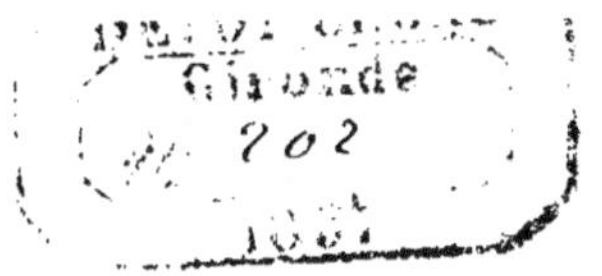

« Il y a une circonstance que les politiques regardent seule
« comme de la plus grande importance : savoir l'exportation du
« vin, formant un des plus grands commerces d'exportation qu'il
« y ait en Europe. Après cela je ferai mention de ce qui devrait
« être considéré comme le premier objet : la consommation inté-
« rieure. La culture des vignes à l'avantage inestimable de fournir
« amplement à toute la boisson d'un peuple, par l'effet de sa pro-
« pre industrie et le résultat de son travail ; et ce n'est certaine-
« ment pas un avantage peu important pour une nation de trouver
« cet objet de consommation dans ses sables, ses graviers, ses
« coteaux et ses rochers, et de ne pas l'exiger de ses plaines fer-
« tiles ; mais seulement de ces sortes de terres, que ses voisins,
« moins heureux, sont forcés de couvrir de bois taillis et de
« sapins. »

(Arthur YOUNG : Voyage en France).

LETTRES

ADRESSÉES A MESSIEURS LES PROPRIÉTAIRES RURAUX ET CULTIVATEURS, PAR LE PROFESSEUR D'AGRICULTURE, CHARGÉ DE L'INSPECTION AGRICOLE DU DÉPARTEMENT DE LA GIRONDE.

DOUZIÈME LETTRE (1).

Maladie de la vigne : emploi du soufre comme remède.

> « O vignoble de Sibmah, je pleurerai sur toi
> « comme j'ai pleuré sur Jahzer... Celui qui ravage s'est
> « jeté sur tes fruits d'Été et sur ta vendange (2). »
> (JÉRÉMIE : ch. XLVIII, v. 32.)

MESSIEURS,

Un fléau inconnu jusqu'à ce jour est venu fondre sur notre beau pays. Depuis 1851, nos vignes n'ont cessé d'être en proie à un mal qui les a presque complètement frappées de stérilité, et qui en a même fait périr un très-grand nombre.

---

(1) Voici les sujets de nos lettres précédentes : 1848, *Culture du Trèfle ;* 1849, *Assainissement des terres ;* 1850, *Prairies naturelles ;* 1851, *Engrais ;* 1852, *Labours ;* 1853, *Culture de la Luzerne ;* 1854, *Culture des Fourrages-racines ;* 1855 et 1856, *Drainage.*

(2) *Sibmah,* ou *Sibman,* ou *Sibama* était une ville de la tribu de Rubens, dont le territoire possédait des vignes, souvent mentionnées par Isaïe (ch. XVI). Dans une guerre qu'eut à soutenir la contrée, ces vignes furent coupées.

Jahzer était une autre ville au-delà du Jourdain, d'abord donnée à la tribu de Gad, puis cédée aux Lévites. Elle était au pied des montagnes de Galaad, et près du torrent également nommé Jahzer.

Le désir, désir bien légitime, bien digne d'être encouragé, de porter remède à un état de choses aussi malheureux, est cause qu'un grand nombre de moyens préventifs ou curatifs ont été mis en avant ; ont été proposés aux cultivateurs : trop disposés en pareils moments à se laisser persuader, à croire à de vaines promesses, à partager de décevantes illusions.

Aujourd'hui, à cet égard, les faits sont totalement changés, et peut-être même, comme ce devait être du reste, comme le comporte la nature de l'homme, a-t-on passé d'un excès à l'autre, d'une confiance dangereuse à une défiance qui pourrait aussi avoir ses inconvénients.

Dans tous les cas, cette réserve est le fruit de l'expérience, aussi bien que le résultat des études patientes et laborieuses de la science ; si empressée, il faut le reconnaître, à venir en cette circonstance critique en aide à l'agriculture.

Elle est aussi le fruit, pour nous en particulier, de l'intelligente initiative prise par M. le Préfet de la Gironde, le 7 Octobre 1853 ; de la création par ce magistrat, d'une Commission départementale, *chargée de rechercher les causes du mal, d'étudier ses progrès, sa décroissance et surtout les moyens curatifs que la science ou la pratique pourraient découvrir.*

Ces découvertes, on le sait, n'ont pas été nombreuses, ou plutôt la Commission qui devait les constater n'a eu à enregistrer que des insuccès ; que des procédés souvent illusoires ou impraticables, quelquefois dangereux et toujours sans résultats utiles.

Un seul de ces procédés, d'abord timide, hésitant, en apparence difficile à appliquer en grand et surtout très-diversement jugé, est cependant resté : ce procédé, c'est l'emploi du soufre, c'est le *soufrage.*

Nous venons aujourd'hui, Messieurs, avec simplicité,

avec bonne foi, et surtout avec confiance, vous entretenir de ce procédé : tout-à-fait digne de votre attention, de votre sollicitude de propriétaire, de votre qualité de producteur de l'une des denrées les plus essentielles pour l'agriculture, les plus précieuses pour le commerce, les plus nécessaires pour le bien-être de l'humanité.

En considération de l'importance du sujet, vous nous permettrez de le traiter en son entier, mais d'une manière sommaire et en nous bornant en quelque sorte à une simple mention de chacun des principaux détails qu'il pourait admettre.

§ Ier.

NATURE DE LA MALADIE DE LA VIGNE.

Comme résumé de tout ce qui a été écrit sur la maladie de la vigne durant ces dernières années, on sait aujourd'hui, d'une manière positive, que la cause visible de cette maladie est une plante parasite, une production cryptogamique, un champignon, auquel un botaniste anglais a donné le nom d'*Oïdium Tuckeri*.

« Ce champignon se présente à la vue simple sous la forme d'une couche blanche farineuse qui, selon le degré du mal, offre, tantôt une efflorescence à peine visible, tantôt une espèce de croûte compacte assez épaisse. Dans le premier degré, l'*Oïdium* se montre seulement par places, sans observer aucune règle, soit sur l'écorce des jeunes pousses de l'année, soit sur les feuilles, soit enfin sur la râfle des grappes et les grains mêmes du raisin ; mais toujours sur les parties recouvertes d'un épiderme lisse, conséquemment jamais sur l'écorce morte des branches de l'année ou des années précédentes. Dans un degré plus avancé, le champignon envahit toutes les parties qui se sont développées dans le courant de l'Été, et les recouvre de telle sorte, qu'à la distance vingt pas, on peut reconnaître un cep infesté (1). »

Quant à la puissance de multiplication de ce champignon, elle est énorme, prodigieuse et capable de surpasser tout ce que l'imagination pourrait concevoir. D'ailleurs, on voit là un nouvel exemple, exemple bien malheureux sans doute, du soin que prend la nature à assurer la reproduction des êtres les plus faibles, des êtres dont l'action, bonne ou mauvaise, ne peut se manifester que par le nombre (2).

Les sporules ou graines de l'Oïdium sont d'une ténuité extrême : nous ne pouvons les voir, les vents les enlèvent et les transportent au loin, comme ils transportent les effluves marécageuses, les germes des maladies qui viennent, à certaines époques et à certains lieux, attaquer les hommes ou les animaux. Ces graines, à cause de l'harmonie qui doit nécessairement exister entre les dimensions de l'individu et la durée de son existence, reproduisent cet individu des milliers de fois dans une même saison et sur le même sujet, envahissant ainsi successivement et rapidement toutes les parties que peut

---

(1) M. Hugo Moll, *Journal Botanique de Berlin* (BOTANISCHE ZEITEMG), 1852.

(2) De pareils faits, en Histoire naturelle, ne sont pas rares. La carie, le charbon, maladies qui attaquent, comme on sait, les céréales, nous en offrent des exemples. Ainsi, d'après le professeur Heslow, le champignon de la carie, *uredo caries,* peut atteindre dans un seul grain de froment, le nombre de *quatre millions,* et les spores ou graines de chacun de ces champignons peuvent aller au nombre de *dix millions !!!*

Disons ici, puisque l'occasion s'en présente, que le remède contre cette redoutable maladie, et contre celle du charbon, devenues des plus menaçantes au milieu du dernier siècle, est dû à un Bordelais, à Tillet. C'est lui qui répondit, de manière à mériter le prix, à la question posée par l'Académie des Sciences de Bordeaux, en 1755, *sur la cause qui corrompt et noircit les épis de blé;* c'est lui qui, le premier, désigna le *chaulage* ou *chaudage*, encore pratiqué.

offrir ce sujet à leur convenance : bois de l'année, feuilles, boutons, fleurs, fruits.

Enfin, on sait comment se termine la maladie. On a vu le grain du raisin durcir, comme si le cep lui refusait l'assistance d'une sève bienfaisante ; on l'a vu se fendre longitudinalement, mettre à nu sa pulpe et ses pepins, et finir, en dernier lieu, par ne plus offrir qu'une matière sèche, cassante, et semblable à ces fruits tardifs et imparfaits que l'on n'a pu cueillir à l'Automne, et qui ont supporté toutes les rigueurs de l'Hiver.

Après ces détails, est-il nécessaire d'insister encore sur la tristesse, sur la désolation qu'ils ont jetées dans nos campagnes. Comme aux temps bibliques que rappelle notre épigraphe, ils ont été cause que depuis cinq ans on n'a plus entendu des cris de joie dans les vignes ; que celui qui foulait le vin ne l'a plus foulé dans les cuves, et que la chanson de la vendange a cessé (1).

Quant aux torts matériels causés à l'agriculture, au commerce, à la marine, ils sont immenses, et leur continuité serait la ruine complète du pays.

§· II.

APERÇU HISTORIQUE DE LA MALADIE DE LA VIGNE.

On connaît l'origine et la marche de l'*Oïdium Tuckeri :* on sait qu'il se montra dans les serres d'Angleterre en 1845 ; de 1845 à 1848 dans celles de la Belgique et de la France, puis, qu'il atteignit les vignes en plein air, en Bourgogne, en Languedoc, en Provence, en Suisse, en Piémont, en Italie, en Espagne, etc. ; on sait aussi qu'il apparut dans la Gironde en 1851 ; au moins, qu'il fut notoirement et officiellement constaté : d'abord au château

(1) ISAIE, ch. XVI, v. 10.

de Lamothe, commune de Cissac, en Médoc, le 15 Août, puis le 24 Septembre dans la commune de Podensac, où fùt l'étudier une Commission du Conseil central d'hygiène publique et de salubrité, dont nous étions le rapporteur.

Ses dégàts, parmi nous, furent très peu de chose cette première année; ils augmentèrent en 1852, et en 1853 ils prirent tous les caractères d'un redoutable fléau.

Quant à l'opinion tendant aussi à établir que ce mal s'était manifesté autrefois, soit en Italie, soit en France, disons également qu'au moment où nous sommes parvenus, elle est encore sans documents dignes de foi, sans preuves positives.

Les passages plusieurs fois cités de Théophraste (1) et de Pline (2), n'ont en réalité rien de commun avec l'*Oïdium Tuckeri*.

On a parlé d'un contrat notarié, passé à Turin en 1743, et portant, comme cause de résiliation d'un bail, l'apparition, sur le raisin, du *puriglio* (petite poussière) ou de la *rogna* (galle, lèpre, etc.). On a parlé également d'une thèse imprimée à Genève la même année, et mentionnant une maladie du raisin désignée par l'auteur, Joannès Tealdus, sous le nom de *Muscus seu scabies plantarum* (3).

Plus tard, on a encore cité un passage d'un auteur du XVIᵉ siècle, Antoine Mizaldi : passage qui n'est autre du reste, que la reproduction de celui de Pline, déjà mentionné (4).

Enfin, en 1777, un capucin de Besançon, le père Prudent de Faucogney, répondant à une question posée par l'Académie des Sciences de la même ville, donnait, sur une maladie qui attaquait alors les vignobles de

---

(1) *Hist. des plantes*, l. IV, ch. 17.
(2) *Hist. naturelle*, l. XVII, ch. 14.
(3) *Actes de la Société Linnéenne de Bordeaux.*
(4) *L'Agriculture*, 1845, p. 6.

l'Alsace et de la Franche-Comté, d'intéressants détails, mais peu en rapport, il faut le reconnaître, avec notre maladie actuelle (1).

Tous ces renseignements, on le voit, n'ont pas une grande valeur, et d'ailleurs, ce qui achève de leur ôter tout mérite, c'est que la maladie de la vigne, la maladie actuelle, si réellement elle avait paru autrefois, n'aurait pas manqué, par sa singularité, par ses ravages, de fixer vivement l'attention publique et de provoquer des recherches, des tentatives qui en eussent infailliblement conservé le souvenir jusqu'à nous.

Faudrait-il au contraire, comme certaines personnes l'ont avancé, croire que le principe du mal, l'*Oïdium*, ou plutôt l'*Érysiphe* (2) de la vigne, est venu du Nouveau Monde ; qu'il a été importé sur des variétés de vignes d'Amérique, ou sur d'autres plantes du même pays ? A cet égard, l'on aurait l'autorité d'un savant mycologue français, de M. le docteur Montagne, qui croit recon-

---

(1 L'*Agriculture*, 1845, p. 6.

(2) Les naturalistes font une grande différence entre les *Oïdium* et les *Érysiphe*, par rapport aux caractères physiologiques et autres, sur lesquels ils basent leurs appréciations et leurs distinctions. De leur côté, les agriculteurs n'ont pas moins d'intérêt à reconnaître cette différence ; car il est constaté que ces premiers parasites impliquent toujours un dérangement préalable de la plante attaquée, tandis que les seconds, au contraire, attaquent les végétaux parfaitement sains et sans prédisposition aucune aux maux qu'ils leur font endurer.

Or, il est admis aujourd'hui que le champignon de la vigne est un *Érysiphe*. Après avoir démontré ce fait capital, dans une publication ayant pour titre, *Note sur le Champignon qui cause la maladie de la Vigne*, M. L.-R. Tuslane ajoutait : « Si le champignon de la vigne « est un *Érysiphe*, il n'y a plus lieu d'être autant surpris du tort qu'il « lui cause ; les *Érysiphe* sont tous de vrais parasites, et apportent, « à la végétation des plantes qui les nourrissent, un trouble que des « désordres plus ou moins graves trahissent toujours. »

(Voir l'*Agriculture*, année 1854, p. 71).

naître l'*Oïdium*, ou quelque chose d'analogue, dans l'indication de deux *Érysiphe* décrits dans les œuvres d'un botaniste moderne, M. L.-D. Schweinitz, qui a longtemps séjourné en Amérique (1).

§ III.

REMÈDES PROPOSÉS CONTRE LA MALADIE DE LA VIGNE.

Ainsi que nous le disions en commençant, un empressement général, une émulation extraordinaire se sont manifestés, dès le début de la maladie, pour chercher et pour trouver un remède contre ce redoutable mal. Il serait bien difficile, sans doute, de citer tout ce qui a été proposé, tout ce que l'esprit de recherche, quelquefois même la simple imagination, ont fait mettre en avant. Déjà, en 1854, M. Marès avait expérimenté vingt-trois moyens qu'il classait ainsi :

Moyens chimiques 9
Moyens mécaniques 3
Moyens culturaux 9
Moyens mixtes 2

Depuis cette époque, combien en a-t-il été proposé encore, et quel est le département, même parmi ceux qui ne font pas de vin, qui ne cultivent pas la vigne, qui n'ait eu ses guérisseurs, plus ou moins bien inspirés, plus ou moins désintéressés ? La Commission officielle du département de la Gironde, à elle seule, a été saisie de cinquante procédés au moins, soit par les inventeurs eux-mêmes, soit de toute autre manière.

Malgré tout ce déploiement de l'intelligence humaine, malgré les explications, les théories presque toujours

---

(1) *Mémoire de la Société Impériale et centrale d'Agriculture de Paris,* année 1855, 2e partie, p. 15.

développées à l'appui et bien souvent sans liaison avec les principes reconnus de la physiologie végétale, rien, absolument rien, le soufre excepté, n'a eu de succès; rien n'a mérité d'être cité avec certitude, recommandé avec confiance.

§ IV.

LE SOUFRE COMME UNIQUE REMÈDE CONTRE LA MALADIE DE LA VIGNE.

L'emploi du soufre contre la maladie de la vigne est déjà ancien. « C'est M. Kyle, jardinier anglais, à Leyton, qui, le premier, eut l'idée de l'employer en 1846. M. Berkeley en parla en 1847 (*Gardener's Chronicle*); mais on fit alors peu d'attention à l'emploi de cet agent (1). »

M. Gontier, jardinier à Montrouge, employa la fleur de soufre au moyen de l'ingénieux soufflet qui porte son nom, et de l'arrosement préalable des grappes. Cette pratique, bonne pour les serres et les treilles, ne put atteindre les grands vignobles.

En 1850, le jardinier en chef de M. le baron de Rothschild, M. Bergmann, usa dans les serres du célèbre financier, à Ferrières, d'un moyen propre à vaporiser la fleur de soufre.

C'est cette même idée que développa également dans la Gironde, avec autant de persévérance que de talent, M. le comte de La Vergne (2).

Enfin, en 1853, M. Rose Charmeux eut l'idée d'appliquer à sec la fleur de soufre, soit avec la main, soit de toute autre manière. Il obtient de bons résultats sur les vignes de Thoméry et, dès-lors, on comprit qu'il

---

(1) *Mémoire* de M. Henry Marès.
(2) *Mémoire sur la Maladie de la Vigne*, Bord., 1853.

pourrait être possible d'étendre cette pratique à la grande culture.

Le 7 Mars 1854, une Commission spéciale instituée par M. le Ministre de l'Agriculture, du Commerce et des Travaux publics, rendant compte des différences immenses qu'elle avait remarquées à Thoméry, entre les vignes soufrées et celles qui ne l'avaient pas été, ajoutait : « Ces faits concluants s'appuyaient sur une épreuve contradictoire, et ne permettaient plus le doute sur l'heureuse application du soufre à la guérison de la vigne (1). »

Néanmoins, beaucoup de bons esprits restaient encore incrédules, ou du moins il leur semblait difficile de généraliser et de rendre réellement applicable en grand, avec toutes les conditions d'économie et de succès voulues, un procédé dont l'efficacité, en principe, paraissait démontrée.

En outre, il y avait encore, et ceci était capital, à établir par l'observation et l'expérience, les conditions d'époque, de temps et autres, capables de garantir l'efficacité du procédé.

Il n'est pas rare en effet de voir les meilleures inventions, les plus utiles, les plus fécondes, rester longtemps à l'état de fait constaté, de fait théorique, avant de passer dans le domaine de la pratique et de réaliser les avantages d'abord entrevus. Tel a été le sort du soufre, en ce qui touche à son application à la vigne, à son emploi contre le plus redoutable fléau, nous le répétons, qu'ait eu à supporter, depuis bien longtemps, l'agriculture.

---

(1) *Moniteur des Communes* du 15 Avril 1854.

Nous n'avons pas besoin sans doute de mentionner les louables et persévérants efforts de M. Henry Marès, en faveur de l'application du soufre. Il est peu de viticulteurs qui ne connaissent les publications de cet habile expérimentateur, et notamment son *Mémoire sur la Maladie de la Vigne*, 1855.

L'Hérault, le département de la France qui cultive le plus de vignes (1), est aussi le département qui a suivi avec le plus de soin, officieusement et officiellement, l'application du soufre et qui a définitivement établi les avantages de cette application en grand.

Nous ne ferons pas ici l'histoire détaillée de tous les faits relatifs à la constatation des bons effets de l'application du soufre. Déjà, par d'autres moyens (2), nous avons cherché à augmenter la publicité de ces faits, on ne peut plus dignes de l'attention des viticulteurs de la Gironde.

Le seul témoignage sur lequel nous reviendrons encore d'une manière rapide, c'est celui de M. le Président de la Société d'Agriculture de Montpellier, de M. Cazalis-Allut.

Il s'agit ici d'un homme, d'un viticulteur habile et très-intéressé dans la question, qui doutait encore en 1855, comme bien d'autres, comme nous-même, qu'on nous permette de le dire, et qui écrivait, à la fin de 1856, avant de rendre compte d'expériences nombreuses,

---

(1) Bien des personnes se figurent que la Gironde devrait, sous le rapport dont il s'agit, occuper le premier rang. Voici des chiffres qui dissiperont leurs illusions à cet égard.

Sur une superficie de 1,000 hectares de terre, les départements suivants comptent :

Hérault	198 hectares.
Charente.	194 —
Vaucluse.	160 —
Charente-Inférieure	146 —
Gironde	157 —

(2) Voir notamment l'*Agriculture*, Février et Mars 1857; les journaux quotidiens *la Gironde* et *l'Indicateur*; la *Feuille du Dimanche*, etc.

conduites avec la plus grande intelligence, la plus entière bonne foi et complètement convaincantes : « Les bons « effets du soufre ont été si bien constatés cette année, « que beaucoup de propriétaires trouveront inutile que « je les entretienne encore d'une question déjà résolue. « Mais ce n'est pas à ces propriétaires que je m'adresse; « je m'adresse à ceux qui ne sont pas convaincus, et il « en existe encore (1). »

Les expériences dont il s'agit, et véritablement décisives, avaient été au nombre de cinq; elles avaient porté, tant sur le raisin lui-même, sa conservation et sa maturation, que sur le sarment, si maltraité, comme on sait, par la maladie, si mal disposé pour la récolte de l'année suivante.

« Le soufrage, dit l'habile viticulteur, a guéri les raisins « et a beaucoup amélioré les sarments. Les sarments de « vignes soufrées se sont plus ou moins dépouillés des « taches qui les recouvraient, ont acquis plus ou moins « de vigueur et repris leur couleur naturelle dans les « vignes qui n'étaient pas trop malades. »

Dans le département de la Gironde, on a également soufré en 1856, et si les résultats sont de nature à pouvoir être contestés sur quelques points, très-certainement cela tient à l'inexpérience qui règne encore à l'égard de ce moyen nouveau; à l'inobservation de plusieurs des conditions capables d'en assurer le succès, comme nous le verrons ci-après. Toujours est-il que les propriétaires qui ont eu recours à ce moyen, veulent y revenir en 1857, en le généralisant, en l'étendant à toutes leurs passions.

---

(1) *Expériences comparatives sur le soufrage des Vignes, faites en 1856, sur le domaine d'Aresquiés* (Montpellier).

15

§ V.

Nous l'avons déjà dit, c'est le soufre en poussière, le soufre sublimé, la *fleur de soufre*, qu'il faut répandre sur la vigne, et qu'il faut répandre à plusieurs reprises dans le courant de l'année (1).

Il serait hors de propos de rechercher ici par quelles causes cette matière agit sur le parasite de la vigne, et d'ailleurs ces causes sont encore un mystère : des conjectures, des probabilités ont seules, jusqu'à ce jour, été émises à leur égard.

On sait seulement, et l'agriculture n'a pas intérêt à en demander davantage ; on sait que le contact du fragment le plus délié, le plus ténu de la matière en question, suffit pour arrêter le développement de l'*Oïdium* : qu'il se trouve placé sur les sarments, sur les feuilles ou sur les fruits.

Cette connaissance, cette expérience, aujourd'hui acquises, sont les motifs pour lesquels on use, non-seulement du soufre réduit en poudre postérieurement à son raffinage et après avoir été sous forme de *canon*, mais surtout et de préférence du soufre obtenu directement à l'état de poussière impalpable, à l'état de *fleur*, lors de ce raffinage (2).

---

(1) La France consommait annuellement, avant la maladie de la vigne, selon M. Payen (*Précis de chimie industrielle*), 26,000,000 de kilog. de soufre, et ce soufre lui était livré, par les fabriques, sous deux formes distinctes : en *canon* et en *fleur*. Sous cette dernière forme, son prix est plus élevé que sous la première ; car, dans le même temps et avec les mêmes appareils, on en obtient six fois moins.

(2) La fleur de soufre doit être préférée au soufre réduit en poudre par des moyens mécaniques, et cela à cause de la grande supériorité de ce premier soufre sur le second et ce qui touche à la puissance de division. Cependant, le dernier ne doit pas être entièrement rejeté, quelques

La fleur de soufre parfaitement pure, parfaitement sèche, est d'une division telle qu'en la projetant sur un pied de vigne, elle forme un nuage, une sorte de brouillard qui enveloppe ce pied de toutes parts et se repose insensiblement sur toutes ses parties.

En outre de ce premier et grand avantage, il y a encore économie dans l'emploi d'une matière, même après l'avoir payée un prix plus élevé, se divisant davantage, occupant plus de place et assurant enfin, l'expérience l'a prouvé, des résultats plus certains.

Nous avons déjà fait l'historique des moyens employés pour l'application du soufre. Nous avons notamment cité le Soufflet-Gontier, longtemps considéré comme l'ustensile le plus commode pour cela. Aujourd'hui, nous devons citer, comme tout-à-fait préférable, par sa simplicité, son économie, son facile maniement, la boîte en fer-blanc, dite *boîte à houppe*, inventée par MM. Ouin et Franc, de Paris; présentée à la Société Impériale et centrale d'Agriculture, et recommandée dans tous les recueils agronomiques (1).

viticulteurs assurant s'en être bien trouvés.

Le meilleur et le plus sûr moyen d'en faire la différence, c'est de recourir à la pesée.

Nous avons pesé comparativement une égale mesure de la fleur de soufre et de soufre réduit en poudre et tamisé, et nous avons trouvé que le poids du premier étant 100, celui du second était 210. Il est vrai que notre tamis aurait pu être plus fin.

(1) Voici ce que disent de cette boîte ses inventeurs.

« ...... La boîte à houppe est très-facile à manier, laissant à l'ouvrier
« une main toujours libre pour écarter le feuillage et mettre à découvert
« le raisin que l'on doit soufrer; distribuant le soufre en nappe régulière
« et en poussière impalpable (condition indispensable pour une bonne
« réussite). Tout cela s'obtient par un simple mouvement en agitant la
« boîte. »

La boîte à houppe se trouve à Paris, chez MM. Ouin et Franc, place de la Bourse, n° 4, et à Bordeaux, chez M. Catros-Gérand, marchand de graines et pépiniériste, allées de Tourny, n° 29.

A l'égard des époques auxquelles doivent être faits le soufrages, nous dirons aussi, comme résumé de tout ce qui a été publié de plus positif, de plus digne de foi, qu'il est un de ces soufrages surtout dont le moment est des plus précis, des plus marqués et des plus indispensables : c'est celui qui doit se faire *quand la vigne est en fleur et sur cette fleur elle-même.*

Les conséquences heureuses et décisives de ce soufrage, qui sont principalement de prévenir la coulure de la vigne et d'assurer sa fécondité, ont fait penser que cette même coulure, si générale, si persistante depuis plusieurs années, était l'œuvre de l'Oïdium ; bien qu'alors, presque toujours, il ne fut pas possible de voir le parasite, de constater sa présence sur les organes délicats de la fleur (1).

C'est sur ce point surtout que les expériences déjà citées de M. Cazalis-Allut, ont de la valeur et qu'elles sont convaincantes. « Je dirai, écrit-il, que, lorsque le « premier soufrage n'a été pratiqué qu'après la floraison, « je n'ai jamais obtenu une guérison aussi complète. Ce « résultat me fait juger convenable de soufrer toutes mes « vignes, l'année prochaine (1857), *en pleine fleur*, pour « la première fois, et d'attendre, pour donner le second « soufrage, que la maladie ait fait son apparition (2). »

---

(1) Ceci rappelle l'effet du météore connu dans nos contrées sous le nom de *vent salé,* qu'on ne voit pas, que rien ne décèle, et dont les effets cependant sont incontestables.

On sait aujourd'hui effectivement que certains vents dirigent sur les terres voisines de la mer, des vapeurs qui précipitent par le *nitrate d'argent.*

(2) « Les soufrages pratiqués au moment de la floraison sont les plus « efficaces ; ils paraissent en outre, exercer une action salutaire sur « cette phase de la végétation. J'ai cru observer en 1854 et en 1855 « (aujourd'hui c'est un fait acquis), que les vignes sur lesquelles ils « ont été appliqués à cette époque, ont toujours mieux noué leurs raisins que les autres, etc... (*Mémoires de M.* Henry Marès).

Les bons effets du soufrage sur la vigne en fleur, ne se font pas sentir seulement sur le raisin, ils s'étendent aussi sur le bois de la vigne, sur les sarments; c'est-à-dire sur le gage, la condition indispensable des récoltes à venir.

A cet égard encore, nous trouvons dans les constatations du viticulteur de l'Hérault, dont nous nous plaisons à invoquer le témoignage, des faits d'une très-haute valeur.

Il a comparé avec soin, par rapport à leur état de vigueur, grosseur et longueur et surtout par rapport à leur poids, les sarments cueillis : 1° sur les vignes non soufrées, 2° sur les vignes soufrées après la floraison; 3° sur les vignes soufrées au moment de la floraison.

Par rapport à cette dernière appréciation, c'est-à-dire au poids, il a trouvé que, le poids des sarments non soufrés étant exprimé par 100 par exemple; celui des sarments soufrés après la floraison, était de 133 et celui des sarments soufrés au moment de la floraison, de 160.

Pour les autres soufrages, les règles, il faut bien le dire, ne sont pas encore parfaitement établies.

On parle d'un soufrage au moment de la pousse; mais quelques observateurs sont d'avis de ne pas le donner si la maladie ne s'est encore décélée par aucun signe; ou bien encore, de le restreindre aux ceps sur lesquels ces signes seront apparus.

On comprend qu'ici se mêle une question d'économie et que, s'il est nécessaire de recourir à une méthode dont les bons effets ne peuvent plus être mis en doute, il est non moins prudent aussi de la renfermer dans de justes limites, de la borner aux seuls cas véritablement nécessaires.

Enfin, les autres soufrages, le troisième surtout également signalé comme indispensable, doivent venir dès que la maladie apparaît, et dès qu'elle se montre de nouveau après avoir été momentanément arrêtée dans son cours. « J'espère, nous dit encore M. Cazalis-Allut, que deux « soufrages, ainsi pratiqués (à la floraison et au début « de la maladie), suffiront pour les vignes dont les sar- « ments, bien aoutés, ont repris leur couleur naturelle. « Mais si après ces deux soufrages, la maladie reparaît, « je continuerai à soufrer, comme cette année (1856), « à chaque nouvelle apparition. »

En résumé :

1° Soufrage au moment de la pousse de la vigne (pre- miers jours d'Avril); mais soufrage qu'il pourrait être possible de supprimer ou, au moins, de borner aux pousses attaquées ou présumées telles par leur aspect;

2° Soufrage *indispensable et général* au moment de la floraison et sur la fleur même de la vigne, dans tout son épanouissement (du 25 Mai au 10 Juin);

3° Soufrage également indispensable et général, quand la maladie se manifeste d'une manière évidente; manifes- tation qui suit la floraison plus ou moins immédiate- ment selon l'état de la saison;

4° Enfin soufrages motivés par le retour ou la recru- descence de la maladie; par la nécessité de la dompter, de la contraindre à lâcher sa proie, si elle s'obstinait à la ressaisir, à la garder.

Les soufrages doivent se faire avec le beau temps, avec la chaleur : ces deux conditions facilitent la propa- gation, la diffusion de la fleur de soufre et son applica- tion sur toutes les parties de la vigne qui doivent la recevoir et où elle se repose, comme la poussière que le vent soulève et que l'on retrouve plus tard sur les objets avoisinants.

Après un soufrage bien fait et pratiqué dans de bonnes conditions, la feuille et la grappe doivent se montrer totalement recouvertes de cette fleur au reflet jaune pâle, semblable à celle qui recouvre certains fruits, comme la prune, comme quelques espèces de raisins.

Le vent doit être évité sans doute, mais il ne paraît pas être cependant, un obstacle absolu au soufrage que d'autres motifs rendraient urgent. La pluie, survenant après l'opération, peut aussi en détruire une partie et forcer à revenir sur le travail. Ce sont là des cas à l'égard desquels il n'est pas possible d'établir aucune règle.

Dans tous les cas, l'effet du soufrage ne se manifeste qu'au bout de quelques jours, et cette manifestation est rendue sensible par l'amélioration notable de l'état de la vigne.

§ VI.

QUANTITÉ DE SOUFRE A EMPLOYER.

Cette dernière question se trouve encore, il faut le reconnaître, bien loin de pouvoir être complètement résolue.

Nous ne pouvons donc rien dire de positif à son égard.

Seulement, puisque nous conseillons l'emploi de la *boîte à houppe* pour l'application du soufre, nous dirons, avec les inventeurs de cet ustensile, qu'il faudrait environ 10 kilog. de soufre par 12 à 1500 pieds de vigne, soit à peu près 60 à 75 k., par hectare et pour trois soufrages complets.

Nous ajouterons, toujours d'après les mêmes documents, que l'application de chaque soufrage complet exigerait six à sept journées de femmes par hectare.

Ces données, jointes à la valeur de la fleur de soufre et à la connaissance du prix des journées, peuvent guider dans l'établissement du prix de revient du soufrage de la vigne dans chaque localité.

§ VII.

ESSAIS A FAIRE DE QUELQUES MATIÈRES A SUBSTITUER AU SOUFRE.

L'ignorance dans laquelle on est encore du mode d'agir du soufre, dans la destruction de l'*Oïdium*, fait qu'il pourrait peut-être se rencontrer quelqu'autre matière, plus commune et moins chère, dont l'emploi amènerait les mêmes résultats.

Dans cette occurrence, il serait sage, il serait prudent de faire, dès cette année, quelques essais, soit avec la cendre, soit avec le sel marin, soit avec la chaux, soit avec la marne, etc., etc...

Ces essais, bien entendu, devraient être restreints, comme tout ce qui est encore incertain, comme tout ce qui peut rester sans succès.

16 Mars 1857.

L'AGRICULTURE, comme source de richesse, comme garantie du repos social, est une publication mensuelle qui se poursuit, sous la direction du Professeur d'agriculture du département de la Gironde, depuis 18 ans. Pour souscrire à ce recueil, qui n'a cessé depuis cette époque, de faire tous ses efforts pour être utile à l'agriculture, il faut s'adresser aux librairies Th. LAFARGUE et Ch. CHAUMAS à Bordeaux, ou au Professeur lui-même, directement ou par écrit : 12 fr. par an.

INSECTES ET MOLLUSQUES NUISIBLES A LA VIGNE dans le département de la Gironde. Aux mêmes librairies, 2 fr. avec planches.

INSTRUCTION POUR LA CULTURE DU TABAC dans le département de la Gironde. Aux mêmes librairies, 3 fr. 50 c.

BORDEAUX. — IMPRIMERIE DE TH. LAFARGUE, LIBRAIRE,
RUE PUITS DE L'AGNE-CAP, 8.